VOLUME 8
WIE DAS UNIVERSUM GEFORMT WURDE
Almatrinos und Urdires

ERSTE AUSGABE

Carlos L. Partidas

quimicor2@gmail.com

Copyright © 2019 Carlos Partidas
N° 15874
Depósito Legal/Legale Kaution N° MI2019000146

REGISTRIERUNG VON GEISTIGEM EIGENTUM SAPI: N° 8074
DES KOMPENDIUMS DIE CHEMIE DER KRANKHEITEN
BOLIVARIANISCHE REPUBLIK VENEZUELA, 07.05.2010
Alle Rechte vorbehalten /All rights reserved.

DEDIKATORIE

FÜR ALLE WESEN, DIE DAS UNIVERSUM BEWOHNEN

INHALT

Kapitel		Page
1	EINLEITUNG	1
2	DIE INTEGRIERENDEN KRÄFTE	9
3	MASSENZUNAHME	17
4	DIE RELATIVISTISCHE MASSE VON EINSTEIN	27
5	VERGIB MIR, EINSTEIN	33
6	GESCHWINDIGKEIT DER ALMATRINOS	40
7	GLEICHUNG, DIE DAS UNIVERSUM GEFORMT HAT	46

ERKENNUNG

An all die Energie, die alle Lebewesen belebt
die auf der Erde leben

1

INTRODUCTION

Albert Einstein schlussfolgerte, dass es eine Beziehung zwischen dem Massengehalt m_0 eines Teilchens und seiner Energiemenge E gibt, durch Gleichung $E=m_0C^2$. Diese Masse unterscheidet sich von Isaac Newtons Konzept der Masse, die eher Materie genannt werden sollte, weil sie die Masse m_0 ist, auf die Einstein sich bezog. Dies ist die Masse eines Teilchens auf einer subatomaren Skala, die sich auf die Bewegung des Teilchens bezieht, nicht aber auf die Schwerkraft. Und Newtons Masse bezieht sich eher auf das Gewicht sehr großer Körper. Auf diese Weise stellt Albert Einstein fest, dass Partikel durch Bewegungserfassung eine eigene Masse erzeugen und dass diese gewonnene Masse m wie folgt berücksichtigt werden muss:

$$V = \frac{m_0 C^3}{E}$$

E-1

Dabei handelt es sich um m, die Masse, die das Teilchen während der Bewegung erfasst, m_0 ist die Masse des Teilchens, wenn es sich noch im Stillstand befindet, V ist die Geschwindigkeit des sich bewegenden Teilchens und C ist die Lichtgeschwindigkeit.

Und aus diesem relativistischen Konzept von Albert Einstein haben wir eine Gleichung abgeleitet, die es uns erlaubt zu erklären, wie das Universum geformt wurde und was durch:

$$V = \frac{m_0 C^3}{E}$$
E-2

E zu sein, die Energie, die innerhalb der kleinen Blase erzeugt wurde, die für diesen Moment das beginnende Universum darstellte, und V ist die Geschwindigkeit, die das Teilchen erlangte, als dieses aus seinem Zustand der Inaktivität oder Stille zu beschleunigen begann, oder wo es noch nicht existierte, was wir heute Universum nennen. Und diese sehr kleine Energie wäre das, was Max Planck "Aktionsquantum" nennen würde, d.h. die minimale Energiemenge, die das System benötigt, um sich selbst anzutreiben. Oder in diesem Moment wurde die minimale Energie erzeugt, die das System selbst erwecken konnte; und wenn das System seinen Impuls aufgenommen hat, wird nichts mehr in der Lage sein, ihn aufzuhalten.

Aber diese Gleichung $E = m_0 C^3 / V$; obwohl sie sehr einfach ist, gibt sie einem komplexen, aber realen Fall einen enormen Sinn, weil sie uns zeigt, wie das Universum geschaffen wurde. Denn als das Teilchen zu beschleunigen begann, tendierte die Energie E zu einem unendlichen Wert. Daher wurde in dieser kleinen Blase eine relativ große Menge an Wärme Q erzeugt, die diese Mikroblase zum Platzen brachte, und das war es, was die gewaltige energetische Aktivität des Universums auslöste. Denn aus diesem Ereignis entsteht nur Energie. Und wenn wir sagen, dass die Energie relativ war, meinen wir, dass diese Energie, so klein sie auch gewesen sein mag, zu groß war, um von einem System mit diesen minimalen Abmessungen unterstützt zu werden. Und diese aufkommende Energie, wenn auch ebenso sehr klein, verursachte υ, d.h. die Geschwindigkeit der Partikel stieg ebenfalls in Richtung eines unendlichen Wertes. Das heißt, wenn E sehr klein war, $\upsilon = m_0 C^3/E$ ($\upsilon \to \infty$). Und dieser Fall zeigt uns, dass $\upsilon = C^3$, d.h. dass es diesem Teilchen gelungen ist, sich mit einer Geschwindigkeit zu bewegen, die dem Würfel der Lichtgeschwindigkeit entspricht. Und das bricht das Konzept oder die Vorstellung, dass nichts mit einer höheren Geschwindigkeit als Licht reisen kann, oder verletzt anscheinend Albert Einsteins Relativitätsgesetz. Aber es stellt sich heraus, dass diese enorme Geschwindigkeit, oder C^3, tatsächlich durch Extrapolation aus experimentellen Daten erhalten werden kann. Nur, dass Einstein nicht weiter sehen wollte, oder wenn υ/C größer als 1 war ($\upsilon/C > 1$). Weil Einstein alles in Bezug auf die Lichtgeschwindigkeit C tat, oder alles, was er sich vorstellte und bezog, als er $\upsilon/C < 1$ ableitete, dass nichts mit einer schnelleren Geschwindigkeit als Licht reisen konnte; denn wenn dies der Fall wäre, in Gleichung E-1, musste die Masse m notwendigerweise imaginär sein.

Aber in dieser Arbeit wollen wir zeigen, dass es in Wirklichkeit Partikel gibt, die sich mit einer höheren Geschwindigkeit als Licht bewegen können. Aber weil diese Art von Teilchen das kleinste ist, das es gibt, mussten wir sie mit einem anderen Namen identifizieren; und weil sie diese andere Bedeutung hat, haben wir sie Almatrino genannt. Weil es sich von den anderen unterscheidet. Und weil sie nicht nur die schöpferischen Partikel des Universums sind, sondern auch diejenigen, die den Geistern ihren Ursprung gegeben haben. Mit diesem Namen almatrino wollen wir also eine energetische Trinität konnotieren, denn in Wirklichkeit bestehen wir Menschen und alle Lebewesen aus dem Seelen-Urdires-Bewusstsein, also der Seelen-Trine.

Da diese Teilchen die kleinsten sind, haben sie weder Ladung noch Masse, denn um das Universum zu erschaffen, war Masse nicht notwendig; das Einzige, was im Universum produziert wird, ist Energie. Und es bildet sich Masse, wenn dieselbe Energie in der Lage ist, durch die Einwirkung anderer integrierender oder agglutinierender Kräfte zu kondensieren. Sie sind wie Klebstoff. Deshalb werden diese Kräfte auch vom englischsprachigen Kleber genannt, von dem der Begriff Gluon abgeleitet ist. Und aus diesem Grund, oder weil sich unsere Kräfte der Vereinigung von den Gluonen unterscheiden, oder obwohl wir die gleiche integrierende Funktion erfüllen, zu den Kräften, die vermitteln, um die Almatrinos zu vereinen, mussten wir sie Urdires nennen, weil sie die Kräfte sind, die sich integrieren, ähnlich wie der Prozess des Webens der Fäden zum Weben eines Stoffes.

Und die Almatrinos mit den Urdires bildeten eine andere Art von Lichtfäden, die so intensiv waren, dass sie uns energetisch stabil und völlig unabhängig machten. Und diese Energieeinheiten können nicht mehr zerfallen, denn es gibt keine Energie mehr, die genug Kraft hat, um diese Vereinigung zu durchbrechen. Aber stellen wir uns die gesamte Meerespopulation vor: ein riesiger Schwarm von Organismen, Bienen, Ameisen, Termiten, Pflanzen, wilden Tieren usw. oder die Millionen von Spermien in den Hoden aller männlichen Tiere, die alle von Almatrinos mit der integrierenden Kraft der Urdires gebildet werden! Oder die mehr als sieben Milliarden gleich unterschiedlichen Menschen; oder die energetischen Wesen, die Teil der kosmischen Wesen sind; aber auch diejenigen, die noch nicht inkarniert sind oder nicht an diesem System des

Lebens auf der Erde teilnehmen müssen. Und wirklich, dass wir auf der Erde überall Leben wahrnehmen können: ob als Pflanzen, Algen, Pilze, Korallen, Sporen, Insekten, Säugetiere, Vögel, Menschen oder was auch immer, und sie alle bestehen wirklich aus einer anderen Art von Energie, aber in Form von verklebtem Licht. Aber gleichzeitig ist dies die einzige Energie, die sich ihrer selbst bewusst ist.

Und es ist offensichtlich, dass das Universum aus dem Nichts entstanden ist. Und etwas Kleineres als dieser Punkt, der wirklich nicht existiert. Denn wenn die Energie sehr niedrig war und die Almatrinos keine Masse hatten, können wir versichern, dass am Anfang oder an diesem Ort nichts als Masse existierte. Und nur die geringste Energiemenge, die wir uns vorstellen können, aber dass es genug war, um den kleinsten Raum zu stören, der in unseren Geist passen kann. Logischerweise müssen wir in unserer Entelechie Anstrengungen unternehmen, um uns vorzustellen, wie klein diese Dimensionen sind. Aber denken wir nur daran, dass wir in einem Elektron etwa 10.000 Neutrinos aufnehmen können, und in einem Neutrino können wir etwa 10.000 Almatrinos einführen! Daher kann jedes vorhandene physikalische Material durch diese Almatrinos übertragen werden, denn für sie wäre das Elektron oder der Kern eines Atoms zu groß.

In Wirklichkeit hat uns die klassische Physik, oder wie sie ist, nur auf diesen schmalen Weg gebracht, oder auf hochkomplexe Rechenwege, und es ist nicht gerade die Idee dessen, was wir in diesem Buch ausdrücken wollen. Denn mit dieser Analyse wollen wir wirklich einen logischen Sinn oder eine Erklärung für jene Phänomene geben, die wir wahrnehmen können oder die uns passieren. Und die Art und Weise, die Entstehung des Lebens und die Energie, die den Geist ausmacht, näher auszudrücken, haben wir in den Büchern "The Chemistry of Spirit" und "The Chemistry of Thought" separat betrachtet.

Aber Albert Einstein sagte einmal und bezog sich auf einen der größten Wissenschaftler der Physik: "Verzeih mir, Newton, aber die Schlussfolgerungen, die du für große Körper gemacht hast, sind für sehr kleine Partikel nicht erfüllt". Aber dann kam einer von denen, die die Prinzipien der Quantenphysik am häufigsten verwendeten, Stephen Hawking und sagte: "Verzeih mir, Einstein, aber die Schlussfolgerungen, die du gezogen hast, gelten nicht für die Erklärung der Phänomene der Elementarteilchen". Und anscheinend sind wir aufgetreten und sagen mit den Almatrinos und den Urdires: Verzeiht mir Einstein, aber die Almatrinos sind die kleinsten Partikel, die es gibt, aber außerdem können sie sich mit einer größeren Geschwindigkeit als das Licht bewegen. Und verzeihen Sie mir Hawking, denn auf sehr einfache Weise widerspricht dies auch der Urknalltheorie.

Denn wie Albert Einstein selbst ableitet, denn er war es, der vorausgesagt hat, dass Energie, wenn sie mit großer Geschwindigkeit reist, ohne Masse auskommen kann, um ihre Existenz zu manifestieren. Daher wird gesagt, dass Energie gleichbedeutend mit Masse ist. Auf eine solche Weise, dass die Energie, obwohl sie sich in Masse und diese wieder in Energie verwandelt, beide Formen immer real sein werden. Und es entsteht ein energetisches Teilchen, das sich mit einer höheren Geschwindigkeit als das Licht, mit dieser hohen Geschwindigkeit, bewegt, oder die Energie wird in eine Menge relativer Masse umgewandelt.

Aber Almatrinos können aus mehreren Gründen schneller als Licht reisen: Aber sagen wir, unter den ersten Argumenten, können sie es tun, denn Almatrinos sind im Vergleich zur Größe eines Elementarteilchens sehr klein. Und zweitens, weil nichts sie in ihrer Flugbahn stoppt, d.h. es ist unmöglich, dass Almatrinos miteinander kollidieren; und weniger gegen andere Partikel, weil es keine Elementarteilchen gibt, die kleiner sind als Almatrinos, so dass sie als Unterstützung für einen gewissen Rückschlag verwendet werden können. So, dass die Kerne der gewöhnlichen Materie, wie gesagt wurde, für die Almatrines zu groß sind. Deshalb fahren Almatrines immer geradeaus und ohne Hindernis, das ihnen im Weg steht. Aber darüber hinaus können sie beschleunigen, und ihre Beschleunigung ermöglicht es ihnen, eine Geschwindigkeit zu erreichen, die größer ist als die des Lichts. Und es war diese enorme Geschwindigkeit, die die Almatrines veranlasste, die gesamte existierende Masse und die Masse, die im Universum existieren wird, zu produzieren.

Und zwangsläufig, dass es am Anfang eine Klasse von Partikeln mit einem sehr niedrigen Energiegehalt gegeben haben muss. Das heißt, dass wir uns in der Zeit Null, oder wo es nichts gab, nicht dieses winzige Universum vorstellen konnten, das aber wiederum sehr heiß oder sehr energetisch war, was unmöglich ist, weil es uns zwingen würde, nach dem Ursprung dieser Hitze zu suchen. Auf eine solche Weise, dass sich das Universum durch die Bewegung einiger Teilchen mit geringer Energie oder mit einer sehr minimalen Beschleunigung zu formen begonnen haben muss. Und von dort aus begann sich das Universum effektiv zu formen, das nun seinen greifbaren und messbaren physischen Teil enthält oder uns zeigt. Aber auch von diesen Wechselwirkungen blieb ein energetischer

Teil und von Materie übrig, die weiterhin unsichtbar bleiben werden, weil sie es nicht geschafft haben, sich zu integrieren.

Aber das Komplizierteste wäre zu wissen, wie lange diese Partikel in der Zeit Null blieben; denn wenn die Partikel noch vorhanden sind, interagieren sie nicht, und es werden nicht die notwendigen Kräfte erzeugt, um sie zu zwingen, oder es gibt nichts, was Max Planck eine Aktion nannte, Quanten oder Quanten. So, dass am Nullpunkt oder vor Erreichen einer instabilen Situation, um den kleinen Raum zu stören, eine Kraft entstanden sein muss oder entstanden ist; und diese Kraft war auch nicht wahrnehmbar, die Energie, die den Beginn der Entstehung des Universums motivierte. Und doch hat dieser Effekt nicht aufgehört, noch wird er aufhören können, und das Universum wird nicht aufhören zu wachsen, denn mit dem Auftreten einer neuen Wärmemenge Q wird dieser immer größer werden, aber dies wiederum wird dazu führen, dass mehr Masse gebildet wird, gemäß Gleichung $m=m_0+Q/C^2$, oder $Q=\Delta mC^2$; und in gleichem Maße, oder wann immer eine neue Masse m gebildet wird, wird eine Energiemenge, die in Form von Wärme erzeugt wurde, kondensieren, aber eine neue Menge an Wärme Q wird entstehen, was erklärt, warum das Wachstum des Universums mit einer beschleunigten Geschwindigkeit stattfindet.

Die Almatrinos und Urdires wurden integriert und bildeten das Bewusstsein, d.h. die bewusste Energie, die jedes Lebewesen belebt. Zum Beispiel ist es das Fluidum oder der Atem des Lebens des Menschen. So sind die Almatrinos mit den Urdires die Kräfte, die den energetischen Fluss aller Lebewesen, die auf der Erde existieren können, aktiv halten, aber auch die unendlichen Klassen von energetischen Wesen, die im Universum leben.

2

DIE INTEGRIERENDEN KRÄFTE

Wenn wir einen realistischeren Vergleich der Integration der Almatrinos mit den Urdires anstellen wollen, dann wären die Gluonen das Nächstgelegene, das wir gefunden haben, um zu verstehen, wie diese intervenierenden Kräfte sind. Aber die Entdeckung der Gluonen, werden wir sie auf eine leichte Weise beschreiben, oder nur, um einen notwendigen Vergleich zu ziehen, und um eine Vorstellung von der immensen Menge an Energieformen zu bekommen, die sie erwerben, und wie klein die Almatrinos wirklich sind.

Und die Wahrscheinlichkeit, Almatrinos greifen zu können, scheint zu weit weg zu sein, weil sie so klein sind, und es gibt nichts, was sie halten kann, weil es nichts Kleineres als Almatrinos gibt, um sie abzufangen; oder eine Spur vom Rückschlag zu hinterlassen. Also, vielleicht wird es unmöglich sein, Almatrines zu identifizieren.

Aber sagen wir mal, um es zu vergleichen, dass ein Gluon das ist, was als "Vektorboson" bekannt ist, was bedeutet, dass es den Wert von Spin one hat. Bosonen sind Energieformen, die einen Wert oder eine Wirbelzahl haben, die auch als Spin bezeichnet wird, aber deren Zahlenwert eine ganze Zahl ist. So hat beispielsweise das Higgs-Boson einen Spin-Wert von Null. Das Gluon ist die Bindungskraft, die die Quarks zu dichteren subatomaren Teilchen, den Hadronen, zusammenbindet. Sie greifen auch ein, um die Atomkerne zusammenzuhalten; und die Gluonen selbst können untereinander oder zwischen den

Gluonen anderer Quarks oder den Gluonen anderer Kerne oder durch Austausch zwischen denselben Gluonen interagieren. Deshalb können wir sagen, dass die Urdires, weil sie intensivere Integrationskräfte sind als die Gluonen, interagieren können, um die Almatrinos zu integrieren, aber auch, um unter ihnen zu integrieren und andere Arten von Energien zu bilden, bei denen wir die Geister einbeziehen. Die unabhängig voneinander funktionieren kann, aber eine Art von Energie bildet, die sich selbst bewusst ist oder ist.

Aber in den Gluonen sind diese Wechselwirkungen so komplex und vielfältig, dass anstelle der positiven-negativen elektrischen Ladung, die wir normalerweise kennen, die Gluonen durch eine andere Art von Energiekraft interagieren, die "Farbladungen" genannt wird. Und diese Art von Ladung musste auf diese Weise definiert werden, um die verschiedenen Arten von Wechselwirkungen zu erklären oder zu verstehen. Auf eine solche Weise, dass wir denken können, dass es eine andere Art von Interaktion zwischen den Urdires geben muss. Oder vielleicht war die Kraft der Integration zwischen den Urdires so intensiv, dass nach der Bildung der Geister keine weiteren Verbindungen mehr erreicht wurden. Weil es keine ausreichende energetische Kraft mehr gab, oder eine, die in der Lage war, weitere Almatrinos zu integrieren. Aber es war so, dass sie in der Lage waren, die Yotta-Konfigurationen energetisch stabil zu bilden; aber dass sie darüber hinaus in der Lage waren, zwischen ihnen zu unterscheiden. Denn wenn du dich umdrehst und irgendwo hinschaust, wirst du sehen, dass es ein anderes Wesen als dich geben wird, oder selbst wenn du versuchst, unter den 7 Milliarden Menschen genau wie du nach einem zu suchen, wirst du es nicht finden.

Aber wie gesagt, der Vergleich ist notwendig, damit er als relativer oder echter Führer dienen kann, oder uns helfen kann, etwas besser zu verstehen, wenn nötig, was wir über die Almatrinos mit den Urdires meinen, die eine andere Art von Energie integrieren, die wir eher Gewissenhaftigkeit nennen. Und wir nennen es Gewissenhaftigkeit, um diese Energie zu charakterisieren, die aktiviert, denn wir werden nicht wissen, ob es richtig ist, Geist zu nennen, die Energie, die zum Beispiel zu einer Ameise führt.

Aber nach dem Konzept der Gluonen ist die Farbe, die der elektronischen Ladung zugeordnet ist, wenn wir es so nennen können, eine Art Ladung, die der physikalischen elektrischen Ladung ähnlich ist, die wir kennen, zum Beispiel zwischen dem negativen und positiven Pol einer galvanischen Batterie. Aber mit Hilfe dieser Vorstellung von den Gluonen ist es, als ob wir in der galvanischen Batterie drei oder mehr Pole verbunden hätten. Und so wurden in den Gluonen drei Ladeeigenschaften identifiziert, denen drei Farben zugeordnet wurden: rot, grün und blau.

Nun, in diesen elektronischen Ladungen, die man von einer Batterie kennt, hat jeder Pol sein Gegenstück, so dass mit dem positiven Pol unbedingt das Negativ sein muss, damit Elektronen vom negativen Pol, wo es eine Überladung gibt, zum positiven Pol fließen können, wo offensichtlich ein Ladungsmangel vorliegt. Und dieser Unterschied in den Ladungen ist es, der einen elektrischen Strom erzeugt. Auf die gleiche Weise wird zwischen den Gluonen mit jeder Farbe eine Reihe von Wechselwirkungen erzeugt, d.h. eine Farbe mit ihrer Anticolor. Mit anderen Worten, die rote Ladung hat ihre anti-rote Ladung, etc. Und jede Farbladung ist diejenige, die den verschiedenen Kräften der Vereinigung Platz bietet, die für die

Wechselwirkungen verantwortlich sind; dies sind zum Beispiel die Kräfte, die sich zwischen den Quarks zu Hadronen verbinden und die verschiedenen Wechselwirkungen, die zwischen denselben Gluonen auftreten.

Daher können wir uns vorstellen, dass aus der Kombination der verschiedenen Ladungen von Urdires auch eine unendliche Menge möglicher Energiekombinationen zwischen den Almatrinos mit den Urdires und zwischen den gleichen Urdires entsteht. Weil es der einzige Weg ist, uns erklären zu können, warum wir so viele und so verschieden sind. Und vielleicht werden wir nicht wissen, dass, wenn statt drei wie in den Gluonen, eher sieben Ladungsklassen gebildet werden, denn ebenso könnten wir sie eher Frequenzen nennen, wie in den Noten. Denn diese Formen der Kombination und Interaktion zwischen den sieben Ladungen erzeugen eine ungeheure Fülle von energetischen Formen, d.h. die vielfältigen und unterschiedlichen Musikstücke. Und aus diesen sieben Tönen, oder Formen von Ladungen, entstehen die unendlichen Formen von Geistern und Bewusstsein mit ihren Lebensformen: sagen wir ein Mensch, ein Hund, ein Wal, eine Katze, eine Kuh, eine Biene, eine Muschel, eine Koralle, eine Ameise, eine Blume, eine Pflanze, ein Wurm, ein Bakterium, eine Zelle, ein Sperma, ein Ei und so weiter. Aber wenn wir uns dafür einsetzen, eine vollständige Liste dieser Kombinationen zu erstellen, wäre es etwas Unmögliches, diese zu vervollständigen.

Aber einige dieser Kombinationen sind diejenigen, die an der Masse verankert sind und die die unendlichen Kombinationen von Organismen bilden, die wir identifizieren können, die aber notwendige Körper sind, damit die Almatrinos mit ihren Urdires diese Verankerung durchführen können. Und diese Verankerung der Energie mit der Materie muss zuerst in den Zellen erfolgen, denn in den Zellen befinden sich DNA und RNA, die die einzigen Strukturen sind, die sich selbst replizieren und allen Lebewesen auf der Erde physische Form geben.

Die Quantentheorie, die mit den Wechselwirkungen von Quarks, Hadronen und Gluonen verbunden ist, wird als Quantenchromodynamik bezeichnet. Wir werden also nicht wissen, ob es notwendig sein wird, eine neue Theorie zu formulieren, um die unendlichen Wechselwirkungen zwischen den Urdires und den Almatrinos zu erklären, und sie muss größer sein als die drei für die Gluonen identifizierten Farben. Und um auf diese Wechselwirkungen durch eine Theorie zu verweisen, könnten wir sie "Quanten-Urdirodynamik" nennen. Oder vielleicht ist es so, dass diese Formen von einem Effekt betroffen sind, der Chiralität genannt wird, d.h. von einer Kombination aus links- und rechtshändigen Almatrinos.

Auf eine solche Weise, dass wir jetzt denken können, dass die Wechselwirkungen, die zu Beginn zwischen den Almatrinos stattfanden, die notwendigen Bedingungen geschaffen haben, so dass dieselben Integrationskräfte auftraten und neue Partikel produziert wurden. Und sicherlich die verschiedenen Formen der Masse; und von dort gingen die unendlichen Formen intelligenter Energie aus, die mit ihrer eigenen Kraft, Geschwindigkeit und einer notwendigen Menge an Energie projiziert wurden, um so viele bewusste Formen zu bilden, zusätzlich zu den Geistern, die sich im ganzen Universum ausbreiteten.

Und außerdem, dass mit den energetischen Kräften, die die Gluonen integrieren, zwei weitere Klassen von Teilchen gebildet wurden; aber sie unterschieden sich, und diese werden eher als Bosonen und Fermionen bezeichnet. Ein wesentlicher

Unterschied zwischen diesen beiden Partikelfamilien besteht jedoch darin, dass Fermionen dem Ausschlussprinzip von Pauli folgen, das festlegt, dass es nicht zwei identische Fermionen gleichzeitig auf der gleichen grundlegenden Ebene geben kann oder dass sie eine Ebene mit der gleichen Quantenzahl einnehmen. Das heißt, dass sie etwa die gleiche Position, Geschwindigkeit und Drehrichtung haben. Denn das entspricht den Bosonen. Es kann beispielsweise nicht zwei Fermionen geben, die einen Twist oder Spin +½ haben, da die Summe des Twists 1 wäre und dieser Wert einem Boson entspricht. In diesem Fall zu einem Photon. Ebenso würden zwei Bosonen, die den Wert 1 auf dem gleichen Quantenniveau haben, ein anderes Boson ergeben, dessen Energiewert 2 ist, und so weiter. So, dass zwei Fermionen die gleiche Ebene oder Quantenzahl einnehmen können, aber eine von ihnen muss einen Wert von Spin +½ haben, während die andere einen Wert -½ hat. Und vielleicht entsteht von hier aus das Problem der Chiralität und die Diskrepanzen, die zwischen den Geistern entstehen, d.h. die Rückschläge. Zum Beispiel verbringen Zwillinge normalerweise Zeit damit, sich miteinander zu streiten.

Das bedeutet, dass Almatrinos keine Bosonen sein können, denn am Anfang oder bei ihrer Bildung hätten sie sich miteinander verbunden, um nur eines zu integrieren. So, dass Almatrinos wirklich Fermionen sind. Und im Gegensatz dazu befolgen Bosonen die statistische Regel von Bose-Einstein und haben keine solche Einschränkung. Daher können Bosonen miteinander integriert werden, auch wenn sie sich in identischen Grundzuständen befinden. Aber wenn die Almatrinos Bosonen wären, hätten sie sich zusammengeschlossen oder fusioniert, und das Universum mit seinen Galaxien, Sternen und Planeten würde nicht existieren. Das heißt, wir würden weder als Körper noch als Geister existieren, denn es hätte keine integrierende Kraft wie Urdires gegeben. Was, offensichtlich, dass sie Bosonen sind, weil sie es schaffen, die Almatrines zu integrieren und unter ihnen zu integrieren, um unabhängige energetische Einheiten und Integrität zu bilden. Zum Beispiel sind die Gluonen die Kräfte, die sich vereinen, um die Energie zu speichern, so dass diese Energie erhalten bleibt, die die Materie bildet, oder in Form von Hadronen; und von diesen Hadronen sind es die Quarks und die Leptonen (hauptsächlich die Elektronen, Myonen und Tau), die zwischen allen (Leptonen und Quarks) die gesamte Materie bilden, die im Universum enthalten ist.

Und so wie die Gluonen entstanden sind, müssen sie eine andere Art von Kraft ausgestrahlt haben, die die Almatrines integrierte, um die Geister zu formen. Und wenn es diese rotierenden Bewegungen von Teilchen nicht gäbe, was diese integrierenden Kräfte erzeugt, würden natürlich Atome zerfallen, oder es wäre nichts als Materie entstanden, und das Universum wäre nur Lichtenergie, aber ohne Masse.

Denn zweifellos müssen Partikel in ständiger Bewegung sein, damit ein Energiefeld existiert. So wird beispielsweise das elektromagnetische Feld von Elektronen erzeugt, nur wenn sie in Bewegung sind. Und die Bewegung der Elektronen ist notwendig, um elektrischen Strom zu erzeugen, der durch Leitungen oder durch eine elektronische Schaltung oder wie gesagt, zwischen den Polen einer Batterie fließen kann, aber nicht ohne diesen Strom oder diese Bewegung zu nutzen, damit die Elektronen eine Arbeit verrichten können. Denn wenn die elektronische Schaltung zwischen ihren beiden Polen getrennt wird, fließt der elektronische Strom nicht und somit ist die Aktivität in dieser Schaltung null.

Der Spin eines Teilchens wurde erstmals im Elektron entdeckt; und es ist dem deutschen Physiker Ralph Kronig zu verdanken, der Anfang 1925 vorschlug, dass dieser Spin durch die Autorotation des Elektrons erzeugt wurde. Aber als Wolfgang Pauli von Kronigs Idee erfuhr, kritisierte er sie und wies darauf hin, dass in diesem Fall die hypothetische Bewegung des sich drehenden Elektrons an sich schneller als das Licht sein müsse, damit der Spin schnell genug sei, um den notwendigen Drehimpuls zu erzeugen. Und die Tatsache, dass man annahm, dass ein Partikel mit einer Geschwindigkeit, die größer als das Licht ist, reisen könnte, verstieß effektiv gegen Albert Einsteins Relativitätstheorie. Aber das ist laut Pauli. Kronig hatte jedoch Recht, denn mathematisch gesehen ist die Wirkung einer tangentialen Menge summierend und relativistisch, und deshalb sagen wir, dass zwei Spins von ½ addiert werden können und den Wert 1 erhalten, was der Wert ist, der einem Boson entspricht.

Aber auch diese Eigenschaft des Tragschraubers verschwindet, wenn die Lichtgeschwindigkeit zur Unendlichkeit neigt. Und dieser Wert der Geschwindigkeit über dem Licht wurde mathematisch eliminiert, wenn der Elektronenspinwert durch einen Zahlenwert ersetzt wurde, der der Hälfte des Wertes der Quantenzahl entspricht. Das heißt, ohne die tangentiale Orientierung im Raum zu berücksichtigen. Aus dieser Überlegung folgt aber auch, dass diese Drehung für Fermionen von rechts nach links oder von links nach rechts oder mit umgekehrter Richtung (+½ und -½) sein könnte, aber dies gilt nicht für Bosonen, da diese Zahl eine ganze Zahl zwischen zwei Werten ist, die durch zwei geteilt werden: 0/2=0, 2/2=1, 4/2=2, 6/2=3, usw.

Aber wenn wir eine visuelle Darstellung dieser Interaktionen wollten, verdanken wir diese Ideen dem amerikanischen Physiker Richard Phillips Feynman, der sich der grafischen Darstellung dieser Interaktionen verschrieben hat, um das Konzept zu erklären. So gelang es Feynman, sie durch eine Zeichnung verstehen oder sich vorstellen zu lassen, wie es ist, dass ein Partikel mit seinem Antiteilchen kollidiert, um zum Beispiel einen Lichtstrahl zu bilden. Denn aus der Kollision eines Elektrons mit seinem Antiteilchen, also dem Positron, entsteht ein Lichtstrahl; und aus dieser Strahlung gehen die Quarks hervor; dann bilden sich die Hadronen der Quarks, und mit den Quarks bilden sich die Kerne, und so weiter, wie in einer komplexen Kaskade von Teilchen und Ereignissen, die auch die Suche nach Erklärungen erzeugt, mittels mathematischer Formulierungen, um diese Flut physikalischer Phänomene modellieren oder systematisieren zu können. Aber jetzt stellen wir uns die unendlichen Wechselwirkungen der Almatrinos mit den Urdires vor, die für Feynman wirklich riesig wären, um sie zu zeichnen. Aber stellen wir uns vor, dass es möglich war, einen Zustand relativer Energie im Gleichgewicht zu erreichen, und wo keine Wechselwirkungen mehr stattfinden konnten. Oder zumindest mit der gleichen Intensität wie am Anfang, denn die Energie des Universums nahm ab, in dem Maße, wie die Blase, die das Universum enthält, immer größer wurde.

3

MASSENZUNAHME

Masse ist eine Definition, die verwendet wird, um eine Vorstellung von der Menge der Materie in einem Körper zu bekommen. Es unterscheidet sich vom Gewicht des Körpers. Wenn

Energie von den beschriebenen Kohäsionskräften gesammelt oder eingeschlossen wird, wird diese Energie wiederum zu einer weiteren Form der Energie, die wir Masse nennen, aber das ist nicht unbedingt das Gewicht. Denn Gewicht bezieht sich auf die Kraft, die durch die Schwerkraft auf die Masse ausgeübt wird. Die Schwerkraft hat jedoch keinen Einfluss auf den Inhalt der Körpermasse. Dadurch entsteht eine gewisse Verwirrung; in der mechanischen Physik ist die Masse eines Körpers eine Konstante, die von der Schwerkraft beeinflusst wird. Während für die Physik der Relativitätstheorie die Schwerkraft die Masse eines Teilchens nicht beeinflusst, und diese Masse ist eine Funktion der Bewegung dieses Teilchens in Bezug auf die Masse desselben Teilchens, wenn es gestoppt oder in Ruhe ist.

Das heißt, wenn ein Partikel in Bewegung ist, erscheint eine zusätzliche Menge an Masse in ihm. Und deshalb sagte Albert Einstein zu Isaac Newton: "Vergib mir Newton". Denn für Newton ist die Masse m die Konstante, die zwischen der Kraft und der Beschleunigung des Körpers vermittelt ($f=m.a$). Und vielleicht ist es das, denn die Bewegung großer Körper ist sehr langsam, wenn man sie mit der Bewegung von Partikeln vergleicht. Aber wirklich, dass diese Newton-Gleichung für Partikel nicht erfüllt ist, weil es unmöglich wäre, ihr Gewicht zu messen. Aber auch in den großen Körpern wird diese Masse, wenn sie erscheint, die gleiche sein, wenn der Körper in Bewegung ist. Aber es wird eine sehr minimale Menge an Masse sein, denn außerdem wird sie verschwinden, wenn der Körper stoppt. Denn es wäre unmöglich, einen großen Körper mit einer Geschwindigkeit in der Nähe des Lichts bewegen zu lassen.

Während die Masse m durch die Relativitätstheorie mit der Idee verbunden ist, die wahre Masse als den Wert der Kraft zwischen der Beschleunigung zu definieren, die ein Körper während seiner Bewegung erfährt. Das heißt, für Einstein $E/m=C^2$, d.h. die Masse ist über eine Konstante (C^2) mit der Energie verbunden, während für Newton die Masse die konstante Einheit ist. Aber vielleicht ist das Transzendente an dieser Tatsache, dass dieses Phänomen experimentell demonstriert wurde. So, dass dies dank der großen und kühnen relativistischen Ideen von Albert Einstein, der vorhergesagt hat, dass die Energie in Masse und die Masse wiederum in Energie umgewandelt wird, wenn sich diese Masse mit hoher Geschwindigkeit bewegt und umgekehrt, endgültig geklärt wurde. Aber Albert Einstein bezog sich zu keiner Zeit auf das Gewicht der Körper.

Nehmen wir ein Beispiel, um uns vorzustellen, wann Energie zur Masse wird: In einer Tasse Kaffee wird Energie in der Substanz gefangen, die die Masse der Tasse bildet, aber sie wird auch in der Pflanze der Kaffeepflanze gefangen, aus der die Kaffeebohnen entstanden sind, was nichts anderes ist als gleichsam gefangene Energie. Dann wurde die Energie in den Bohnen in Form von Koffein eingeschlossen, so dass der Aufguss oder das Getränk von Kaffee auch Wasser enthält, wobei die Energie unter Bildung von Wasserstoffatomen eingeschlossen wurde, die wiederum mit Sauerstoffatomen eingeschlossen waren, und so weiter. Und auf diese Weise durchlief die Energie eine Reihe von Umwandlungsphasen, bis sie zu verschiedenen Massenformen wurde, die energetisch konsolidiert wurden. Aber dann wurde die Masse in verschiedene Formen der Masse umgewandelt. Und die Schwerkraft kann auf massenbildende Gewichte wirken, denn wenn es keine Schwerkraft gibt, wird es natürlich kein Gewicht geben, aber ein Mangel an Schwerkraft kann die Masse der Körper nicht verschwinden lassen.

Und im Allgemeinen besteht jeder Festkörper, was auch immer er sein mag, wirklich aus Teilchen, deren Energie in Form von Masse verdichtet wird, denn das Einzige, was im Universum erzeugt wird, ist Energie. Und wenn eine energetische Kraft auf ein einzelnes Teilchen ausgeübt wird, um es in Bewegung zu setzen, wenn sich diese Bewegung der Lichtgeschwindigkeit nähert, erzeugt dieses Teilchen eine zusätzliche Masse, aber das ist relativ zu seiner Trägheitsmasse. Und das Universum ist dank dieser energetischen Kräfte in Bewegung. Aber zusammen mit dieser Bewegung von Teilchen im Universum erscheint eine Menge an Masse m, die relativ oder zusätzlich zur Restmasse m0 dieses Teilchens ist. So, dass die reale Masse nur dann entstehen kann, wenn das Teilchen eine Bewegung erfährt, und dann kann sie sich in andere Energieformen auflösen, wenn sich die Geschwindigkeit in Richtung relativ größer oder kleinerer Werte ändert.

Aber wenn auf dieser gebildeten relativen Masse andere Kräfte auftreten, die sie bremsen und integrieren, dann bleibt die Masse verdichtet. Und je nach Intensität dieser Kräfte bilden sich feste Körper oder zerfallen. Und auf diese Weise bleibt eine unglaubliche Dynamik erhalten, die eine energetische Aktivität und mehrjährige Bewegung des Universums, zwischen Energie und Masse, erzwingt. Aber auch alles, was im Universum existiert. Und damit das Universum existieren kann, muss alles, was im Universum existiert, unbedingt in Bewegung sein. Und nichts kann unbeweglich sein.

Und solange sie aus dieser Energie, der relativistischen Masse und umgekehrt, erscheint oder erschaffen wird, kommen wir zu dem Schluss, dass das Universum definitiv nicht aufhören wird zu wachsen. Das sollte uns als Menschen auch nicht beunruhigen, denn diese große Aktivität gibt es seit 13.800 Millionen Jahren und nichts hält sie auf. Und diese Zeit ist relativ zu einem Moment von $1{,}45 \times 10^{-5}$ Jahren, wenn wir sie mit der Zeit vergleichen, in der ein Mensch im Alter von 80 Jahren auf der Erde gelebt haben kann. Wir hätten also noch viel zu tun, denn es werden neue Galaxien entstehen; und mit ihnen neue Planeten.

Aber eine der unmittelbarsten Aufgaben, und das ist es, was wir mit diesem Buch erreichen wollen, ist es, dazu beizutragen, die absurde Handlungsweise einiger Menschen zu verändern. Das heißt, um seinen Gewissensgrad zu sensibilisieren, so dass diese es verdienen, die neuen Räume zu bewohnen, die in unserem unaufhaltsamen Universum entstehen werden. Auf eine solche Weise, dass das Ursprüngliche wäre, mit einer bestimmten Ordnung in diesem großen Chaos zu leben, denn das ist es, was das Wesen des Menschen ausmachen sollte. Das heißt, was das Universum als Materie und Energie in Form von Geist formt, was gleichbedeutend ist mit der Aussage, dass es von den Almatrino mit der unzerstörbaren energetischen Kraft gebildet wird, die die Urdires integriert. Und dieses energetische Set ist es, was die Existenz aller Lebewesen ohne Ausnahme belebt. Aber diese Energie gehört jedem und betrifft nicht nur den Menschen.

Das Universum selbst ist nichts anderes als ein physikalisch-chemisches System, dessen Wachstum nicht gebremst werden kann, es sei denn, die gesamte erzeugte immense Energie wird in Form von Masse verfestigt, was ebenso unmöglich sein wird. Und nur, dass wir auf den erschaffenen Körpern reiten oder frei auf ihnen zittern können, denn wir können uns wirklich viel schneller bewegen als diese Körper im Raum.

Aber wenn 50% der erzeugten Energie zur Masse werden sollten, müsste dies innerhalb von 175 Milliarden Jahren geschehen, also bei E/m=1. Da die Energie jedoch am effizientesten in Form von Masse enthalten ist, macht die Menge an Energie, die zur Masse geworden ist, bisher 4% aus. Aber vielleicht, dass diese Menge wirklich ein Punkt des Gleichgewichts zwischen freier Energie und der größeren Menge an Energie ist, die in Form von Materie gespeichert oder eingeschlossen wurde. Und vielleicht kann dieser 50%-Wert nicht erreicht werden, weil immer eine neue Energiemenge entsteht, die wirklich nur aus Bewegung kommt. Und mit dieser Kraft wird auch der neue Raum geschaffen. Und um diesen neuen und riesigen Raum durchqueren zu können, ist der einzige Weg, ihn zu erreichen, dass wir mit einer Geschwindigkeit reisen können, die dem Würfel der Lichtgeschwindigkeit entspricht. Wenn es das für diesen Moment ist, nehmen wir diesen Wert der Lichtgeschwindigkeit weiterhin als Referenz; denn wir wissen nicht, ob ein anderer Weg unsere Konzepte zu referenzieren scheint und ignorieren die aktuelle Physik.

Und wir beginnen, von dort aus das Phänomen der Zeit zu zählen, das nur nützlich ist, um eine Vorstellung vom Vorher und Jetzt zu haben. Und es wäre besser, es als einen ewigen Moment zu visualisieren, denn was bereits geschehen ist, kann sich nicht wiederholen, zumindest nicht auf die gleiche Weise, sondern die Ereignisse werden weiterhin ständig auftreten, von dem Moment an, als das Universum nur eine sehr kleine Blase war.

Das Universum ist jetzt, aber es wird immer noch sehr groß für uns als physische Körper sein, aber vielleicht klein, wenn wir uns mit der Geschwindigkeit bewegen können, mit der sich die Almatrinos bewegen. Und der einzige Weg, die Unermesslichkeit des Universums zu überwinden, ist, dass wir uns mit großer Geschwindigkeit bewegen können. Denn wenn wir zum Beispiel das Zentrum unserer Milchstraße als Spirituosen von Almatrinos erreichen wollen, würden wir etwa 9 Sekunden brauchen, um diese Reise zu unternehmen. Eine Entfernung, die Licht braucht, um diese Reise zu machen, etwa 25.000 Jahre. Und nur um eine Vorstellung davon zu bekommen, wird das Universum in 175 Milliarden Jahren eine Größe erreicht haben, die dem Zwölffachen seiner heutigen Größe entspricht.

Was das Licht betrifft, so wurde das Photonenphänomen von Albert Einstein vorgeschlagen, der brillant vorhersagen konnte, dass Licht in Wirklichkeit nicht in Wellenform wandert, sondern als Pakete von Teilchen, die Einstein Photonen nannte. Dessen Begriff sich aus dem photoelektrischen Phänomen ableitet. Und die Form und Vielfalt dieser Frequenzen, ist es, was uns zu denken gibt, dass die Triebe verschiedene energetische Formen annehmen könnten, Grund, warum statt Farben, wie in den Gluonen, vielleicht könnten wir es eher Tonalitäten nennen. Denn es stellt sich heraus, dass diese Theorie zur Erklärung des photoelektrischen Phänomens auch experimentell vom amerikanischen Physiker Robert Andrews Millikan demonstriert wurde. Und ohne ins Detail zu gehen, denn hier geht es nur um das physikalische Phänomen, schloss Einstein, dass die Energie eines einzelnen Photons durch $E=h\upsilon$ gegeben ist, wobei υ die Frequenz des einfallenden Lichts und h die Planck-Konstante ist. Oder dass $h\upsilon_0=E_0$ in der Grundniveau oder wo die kinetische Energie minimal ist, d.h. es gibt praktisch keine Bewegung; und deshalb ist auch die Frequenz v_0 die minimale Frequenz. Und das Konzept auf den photoelektrischen Effekt anwendend, schrieb Einstein, dass $hv=E_0+K_{max}$ Wo K_{max} die maximale kinetische Energie darstellt, die das Elektron haben kann, und das ausreicht, um ein anderes Elektron an das photoelektrische Material abzugeben. Und wenn v kleiner als v_0 ist, werden die Photonen weiterhin individuell sein, egal wie viel sie sind, wie Millikan bewiesen hat. Das bedeutet, dass die Intensität der Lichtstrahlung keine Rolle spielt, da die Photonen genügend Energie haben, um die Photoelektronen auszutreiben. Aber es ist die Kraft, die das Material integriert, die es nicht erlaubt, seine Elektronen zu verlieren. Denn diese Menge an E_0-Energie ist charakteristisch für die Substanz und soll eine Eigenschaft sein, die als Arbeitsfunktion der Substanz bezeichnet wird.

Auf eine solche Weise, dass eine Ähnlichkeit der energetischen Kraft zwischen den Drängen und den Almatrino, diese Energie, die sich gebildet hat, auch individuell ist, und natürlich gibt es keine energetische Kraft mehr im Universum, die in der Lage ist, die Integrationskraft der Drähte mit den Drähten zu brechen, oder die ausreicht, um die Funktion der Arbeit der Geister zu überwinden, sie zu zerfallen.

Andererseits haben wir aus Einsteins Gleichung gezeigt, dass alle Arten von Materie absolut real sind. Aber Einstein nahm das Gegenteil an. Denn wenn Einstein sagte, dass Energie notwendigerweise real sein muss, müssen wir davon ausgehen, denn Materie ist eigentlich die Energie, die sich verdichtet hat oder aus der Masse gebildet wurde, natürlich, dass wir denken können, dass alle Formen von Materie gleich real sein müssen. Und alles, was im Universum existiert, ist real. Und wir können nicht sagen, dass das Universum ein Hologramm ist, oder dass seine Materie in irgendeiner Weise aus der Antimaterie entstanden ist.

Nach dem Übergang zu diesen Teilchen werden diese Elementarteilchen mit überschüssiger elektrischer Ladung und damit negativ mit ihrem Gegenteil erreicht, d.h. mit einem anderen identischen Elementarteilchen, das aber einen Ladungsmangel aufweist, oder positiv, den wir als Antimaterie identifizieren, nur als Möglichkeit, sie zu unterscheiden. Aber wenn sich diese beiden Partikel treffen, werden sie sich gegenseitig vernichten. Und was nach dieser Kollision übrig bleibt, ist effektiv eine Lichtstrahlung. Das heißt, aus Materie und Antimaterie wird wieder Energie entstehen.

Aber vielleicht ist das Interessanteste, dass aus derselben Lichtenergie die Materie und Antimaterie wieder austreten kann, das sind Ereignisse, die nicht mehr aufhören können. Und wenn die Materie durch eine Kraft gebildet wurde, die in der Lage ist, sie zusammenzuhalten, dann kann natürlich die Energie eingefangen werden, bis andere Kräfte entstehen, die ausreichen, um sie wieder aufzulösen. In anderen Fällen können die integrierenden Kräfte so schwach sein, dass die Materie von selbst oder spontan oder durch das Einwirken nur eines Strahls sichtbaren Lichts, wie beispielsweise des photoelektrischen Phänomens, der Phosphoreszenz und der Fluoreszenz, zerfällt. Und das ganze Phänomen passt in den Begriff der Lumineszenz. Und was die Lebewesen betrifft, so wird der Prozess als Biolumineszenz bezeichnet, wenn Licht in Bilder umgewandelt wird, und Sonolumineszenz, wenn Licht in Schall umgewandelt wird, von Molekülen, die explodieren und sich wieder bilden, als wären sie kleine Blasen.

Aber unter anderem haben alle bisher beobachteten Antineutrinos (oder Neutrinos mit positiver Ladung) Chiralität in der Runde, wie Kronig es beobachtet hat, und dass die Richtung dieser Runde von rechts ist. Mit anderen Worten, seine Drehrichtung ist von links nach rechts. Es ist, als würde man sich einen Strudel des terrestrischen Windes vorstellen, dessen Wirbel von links nach rechts verläuft. Elektronische Neutrinos (oder Neutrinos mit übermäßiger negativer Ladung) sind dagegen Linkshänder. Oder dass sie eine Drehwendel haben, die sich zur gegenüberliegenden Seite wickelt; oder dass ihre Drehwirbel von rechts nach links verlaufen. Und das ist eine äußerst wichtige Beobachtung, um die Eigenschaft oder das Verhalten der Materie zu verstehen; und damit den Charakter von uns selbst als Körper und als Energie.

Und das wiederum zwingt uns zur Annahme, dass die Menge der elektronischen Neutrinos, d.h. der Neutrinos mit übermäßiger negativer Ladung, in Bezug auf die Menge der Antineutrinos immer größer wurde, weil die Kräfte, die den spontanen Zerfall induzieren, immer weniger wurden oder nicht mehr ausreichten, um die Bildung von mehr Antineutrinos zu fördern. Denn das Logischste wäre, dass die Menge an Materie und Antimaterie unveränderlich geblieben war, von dem Moment an, als sich das Universum zu bilden begann. Das heißt, wenn die Lichtstrahlen in die gleiche Richtung gegangen wären, wäre natürlich die Menge der Neutrinos mit einer gleichen Menge an Antineutrinos völlig vernichtet worden. Oder wie gesagt, Almatrinos müssen Fermionen sein, aber keine Bosonen. Mit anderen Worten, wenn alle Neutrinos mit Antineutrinos vernichtet worden wären, würde es keine Materie geben; und unser Universum wäre wie eine unwirtliche und radioaktive Wüste, die nur mit Licht gefüllt wäre, oder es wäre nur Energie ohne jede Art von Materie. Das heißt, es gäbe keine Form von Energie, die durch die elektronische Kraft der Atome mittels Gluonen eingeschlossen oder kondensiert wäre. Und nur wegen dieser scheinbaren kosmischen Anomalie haben wir heute tatsächlich mehr Materie als Antimaterie. Und dieser Unterschied zwischen energetischer Kraft oder Ladungen und Vernichtung, der Entstehung von Strahlung usw. hält das Universum in ständiger Bewegung, aber auch dank ihm können wir sagen, dass wir existieren. Denn wenn wir Bosonen wären, aber keine Fermionen, dann wären die Ulmen zu einer einzigen zusammengewachsen. Aber es gäbe auch keine Sterne, Galaxien, Planeten, Photonen, Moleküle, DNA, schwarze Löcher und so weiter. Das heißt, es würde nichts mit der Materie zu tun haben.

DIE RELATIVISTISCHE MASSE VON EINSTEIN

Und so erwachte das kleine Universum aus seiner Lethargie oder Stille. Und es wurde die minimale Menge an Masse gebildet, die als m_0 blieb. Und wenn der Wert der minimalen Energie E mit dem Wert der minimalen Masse gleichgesetzt wurde, d.h. wenn m_0/E in der Gleichung $U=m_0C^3/E$, wurde er gleich eins, in diesem Moment wurde die Geschwindigkeit der Almatrinos gleich dem Würfel der Lichtgeschwindigkeit. $U=C^3$. Und die Energie E wurde gleich m_0 ($E=m_0$) gemacht. Und gleichzeitig erzeugte diese Geschwindigkeit die Masse m, aus der Energie E (E=m), die relativ zur Masse m_0 wurde. Und die Masse wurde wieder in Energie umgewandelt. Dann, oder sofort, wurden die Integrations- oder Verklebungskräfte erzeugt. Und sobald dieser Punkt erreicht war, in diesem minimalen Raum, wurden die notwendigen Bedingungen gegeben und erreicht, was das kleine System störte, das bis zu diesem Zeitpunkt unbeweglich war, und von dort aus wurde der Beginn der Entstehung des Universums vor etwa 13.800 Millionen Jahren gegeben.

Und genau wie Wolfgang Ernst Pauli, als er Neutrinos vorschlug, wagten wir es, die Partikel, die die Entstehung des Universums motivierten, als die wirklich elementaren unter den elementarsten zu bezeichnen. Das heißt, die Almatrinos. Und aus diesen, oder durch diese Beschleunigung der Almatrinos von einem Wert der Nullgeschwindigkeit, wurde die Energie E unendlich; und diese enorme Energie, die in Bezug auf diese kleine Blase entstand, war es, was die Bewegung schuf, und die Masse von Albert Einstein wurde gebildet. und wieder war es die gleiche Energie, die andere Teilchen, wie Neutrinos, bildete. Und dann folgten die Kräfte, die sich vereinen oder verbinden, d.h. die Urdires, Photonen, Bosonen, Fermionen und Gluonen; und mit ihnen die Hadronen; und mit den Hadronen, den Quarks und mit der integrierenden Kraft der Photonen die Elektronen, die die Familie der Leptonen bildeten, und zwischen den Quarks und den Leptonen, alles, was wir physisch im Universum sehen können, wurde gebildet. Und mit den Almatrinos und den Urdires kamen unendliche Tonalitäten oder verschiedene Arten von bewusster Energie, und unter ihnen die Geister. Und alles, was existiert und was wir sehen, aber auch was wir nicht sehen.

Und sie wären frei, nur die anderen Almatrinos, die es nicht geschafft haben, sich zu integrieren, weil die Energie, die nötig war, um sie zu vereinen, verblasste. Aber Almatrinos werden weiterhin die kleinsten Partikel sein, die es gibt, und diejenigen, die gebildet werden können, werden in größerem Verhältnis stehen oder sich zu einem Teil zusammensetzen, vielleicht von Materie und dunkler Energie, die den ganzen Raum füllt, der ging und sich bildet. Oder was jetzt das ganze Universum ausmacht. Und was das Universum betrifft, so können wir sagen, dass sich die ausgedehnte Welle kontinuierlich in Richtung des Umfangs einer riesigen Kugel bewegt, deren Radius immer größer wird.

Aber Albert Einstein hatte Recht, als er feststellte, dass, wenn sich ein Teilchen mit einer Geschwindigkeit bewegt, die zumindest der des Lichts nahe kommt, dieses Teilchen aus seiner Trägheits- oder Ruhemasse eine Menge an relativer Masse erzeugt. Denn das Verhältnis zwischen Energie und dem Quadrat der Lichtgeschwindigkeit ist genau die Masse ($E/C^2=m$). Nach dem, was Albert Einstein richtig vorhergesagt hat.

So ließ die sehr hohe Geschwindigkeit der Almatrino ($UE/C^3=m$), die größer als die Lichtgeschwindigkeit ist, die Masse m erscheinen, die eine kleinere Masse als die Masse von Einstein wäre, denn anstelle von C^2, das in Einsteins Gleichung gefunden wurde, erscheint in der neuen abgeleiteten Gleichung im Nenner die Lichtgeschwindigkeit C, die auf den Würfel (C^3) erhöht ist. Aber obwohl diese Masse kleiner als Einsteins Masse ist, beinhaltet sie auch die Geschwindigkeit des Partikels U, aber auch, dass diese neue Masse, obwohl sehr klein, ein positives Vorzeichen hat, so dass diese Masse wie Energie real ist, aber nie vorstellbar ist. Und das macht wirklich mehr Sinn, als Albert Einstein ursprünglich gesagt hat.

Und diese minimale Masse, wurde wieder zu verschiedenen Formen von Energie, einschließlich der Energie, die in Form von Wärme erzeugt wurde, und begann so, das Universum zu erwärmen. Nur, dass der anfängliche Raum sehr klein war, so relativ, dass die Wechselwirkungen sehr intensiv waren, als das Universum noch die Größe einer wandernden Kugel erreichte. Und wieder wurde die Energie zur Masse, bis sich ein gewalttätiges und instabiles System bildete, das sich wie ein Bumerang selbst ernährte und gleichzeitig sagte, sich selbst bildete und auflöste durch einen Prozess, der nicht mehr aufzuhalten ist. Denn er selbst bildet die Masse und die Energie, die das System immer wieder von selbst mit Energie versorgt. Und wir wissen bereits, dass, wenn es keine Bewegung zwischen den Partikeln gibt, es natürlich auch keine Erzeugung von elektronischen Ladungen geben wird; und es wäre der einzige Weg, dass das System inaktiv gehalten werden könnte. So, dass der Prozess unbedingt durch eine ständige Bewegung motiviert oder aktiviert werden muss. Und es wird extrem schwierig für das Universum sein, sich zu schließen.

Aber der einzige Weg, die Intensität dieser großartigen Ereignisse zu mildern, ist die enorme Menge der verschiedenen Arten von Energie, die erzeugt wird, um sich zu verfestigen oder zu verdichten, und auf diese Weise kann die Energie durch die energetischen Kräfte, die von Bosonen, Gluonen, Hadronen, Quarks, Leptonen, Urdires, Photonen usw. gebildet werden, begrenzt oder vereint gehalten werden.

Und dann entstanden die elektromagnetischen Kräfte, die Atome zusammenhalten, sowie das Elektron, das sich um einen Kern dreht, von dort aus die Moleküle und mit ihnen die Energie in Form von Materie, die sichtbar und formbar wird, um sie in andere, ebenso unendliche Formen von Substanzen zu verwandeln. Aber das ist nur eine Kombination aus Masse und Masse, und damit sich einer bildet, muss sich ein anderer auflösen, und in diesem Austausch greift nur ein Energietransfer ein, wenn auch nicht unbedingt aus Masse. Und diese neuen Massen sind nichts anderes, sie sind die gleiche Energie, die ausgestrahlt wurde, aber jetzt verfestigt ist.

Aus diesem Austausch oder dieser Interaktion wird auch die DNA entstehen, aus diesen Zellen und aus diesen Körpern, die als Einschlüsse dienen, die von der Energie eingenommen werden, die in Form von Bewusstsein und als Geister verfestigt wurde. Obwohl es sehr schwierig zu wissen wäre, ob die anderen Arten von Energie, die die lebenden Körper bilden, sich selbst nicht bewusst sind, weil ich es persönlich geschafft habe, mit einer Schwalbe und einem Kolibri zu "sprechen". Oder wer konnte zum Beispiel nicht mit seinem Hund oder seiner Katze kommunizieren?

Aber hoffentlich wird der Planet nicht zerstört, bevor andere brillante Köpfe des Menschen diesen großen Sprung machen können, um Almatrinos zu erkennen. Und es scheint, dass die Zeit dafür nicht ausreichen wird, denn andere Geister, untermenschliche oder humanoide, leben an dem Ehrgeiz fest, andere auf dem Planeten zerstören und dominieren zu wollen (Rechte gegen Linkshänder) und die Erde zu durchbohren, um sie zu zerstören und ihren eigenen Körper zu extrahieren, mit dem Argument, dass sie Ressourcen sind, die nur ihnen gehören, als ob die Erde nur einer Gruppe durch ein Dekret oder ein bevorzugtes und göttliches Signal entspricht.

Der Egoismus hat einige menschliche Gedanken übernommen, die nur dem, was Teil des Materials ist, Wert verleihen, um zu versuchen, es in irgendeiner Weise in Geld umzusetzen. Und sie wollen sogar die analytische Fähigkeit anderer kaufen; solange diese zurückgebliebenen Individuen mit ihrem Geld den wirtschaftlichen Vorteil dessen nutzen können, was andere geschaffen haben, oder das einen Wert hat, der in Geld umgewandelt werden kann.

In diesem Sinne wäre es in der Tat ein absurder Akt, in einer solchen physischen Welt zu leben. Und wenn jeder Einzelne sich seines Ursprungs bewusst wird, oder als Almatrines, die durch die unzerstörbare energetische Kraft der Urdires integriert sind, und mit Gedanken, nur so erreicht, können sich die Menschheit und die neue Menschheit verändern. Und diejenigen, die durch einen Brauch oder eine Wirtschaftsmacht darauf bestehen, andere ohne Grund, aber mit der klaren Absicht der Ökonomie zu verbiegen, müssen zu diesen primitiven oder weniger entwickelten Planeten gebracht werden, so dass von dort aus, da Materie und Antimaterie sich gegenseitig vernichten, eine verklärte Energie aus ihnen hervorgehen kann, die nützlicher sein kann, oder die nicht darauf bestehen, das harmonische Zusammenleben des großen Universums weiter zu beeinträchtigen. Und in einer allgemeinen Art und Weise, nicht gegen das Recht zu verstoßen, zu leben, dass absolut alle anderen Wesen, die existieren, haben, und diejenigen, die in ihrem Moment besetzen werden, die Erde als ihre Wohnung oder ihr Zuhause nur vorübergehend.

Alle Formen des energetischen und physischen Lebens werden von Almatrines und der Energie von Urdires erzeugt, so dass absolut jeder das gleiche Recht hat, physische Körper auf der Erde mit ihrer großen Vielfalt an Formen und ihren unterschiedlichen biologischen Prozessen und Zwecken zu bilden. Aber leider geschah diese Energiekatastrophe, obwohl andere Wesen Millionen von Jahren vor uns ankamen, die erst vor 200.000 Jahren ankamen; aber in weniger als 200 Jahren haben wir alles zerstört, was die Natur in 200 Millionen Jahren aufgebaut hat. Und wie gesagt, wir haben nur noch 2 Minuten gegenüber der Zeit des Universums, um die vollständige Zerstörung des Planeten Erde zu vermeiden.

Und die unmenschliche Menschheit wird sich endgültig zu einem besseren Verhalten ändern müssen, wenn sie als Gesellschaft versteht, dass all dieser politische Ehrgeiz absurd ist, was sogar zu den Kriegen zwischen Brüdern führt, nur weil sie die wirtschaftlichen Ressourcen verwalten will, die nur der Erde gehören. Denn fehlgeleitetes Wissen, oder auf diese Weise, wird nicht als Gelegenheit genutzt, diejenigen zu führen, die als wahre Hirten verwirrt sind. Und dieses irrationale Verhalten existiert nur auf der Erde.

Aber schließlich verstehen wir, dass dies nur von denjenigen geschieht, die sich in diesem Prozess befinden oder die 35 % derjenigen ausmachen, die immer noch nicht den Titel Mensch, sondern Humanoide verdienen, weil sie nur aus dem Bauch heraus handeln und manchmal sogar noch schlimmer, als sie selbst als Tiere gelten.

5

VERGIB MIR, EINSTEIN

Die Einstein-Gleichung kann tatsächlich als $E=(m-m_0)C^2=\Delta mC^2$ geschrieben werden, wobei m die Masse ist, die das Partikel erfasst, nur während seiner Bewegung mit Lichtgeschwindigkeit C; und m_0 die Masse des Partikels ist, wenn es still steht; oder ohne Bewegung.

Aber vielleicht, wie wir bereits sagten, ist das Wichtigste oder Transzendente an dieser brillanten Schlussfolgerung, die aus dem Verstand von Albert Einstein entstanden ist, dass diese Gleichung experimentell getestet werden könnte, für diejenigen Partikel, deren Dimensionen auf einer subatomaren Skala liegen.

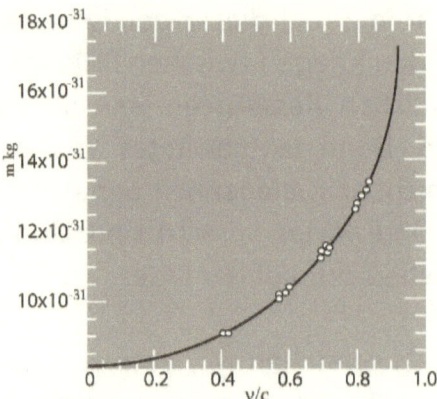

Ein Diagramm, das das Wachstum der Masse eines Elektrons zeigt, wenn seine Geschwindigkeit steigt.
Abbildung 1

Und was wir getan haben, ist, Albert Einsteins Argumentation auf die kleinsten existierenden Partikel auszudehnen, um uns vorzustellen, wie die Masse m aus der Ruhemasse m_0 entstanden ist, als das Universum noch nicht existierte. Und daraus entstand die Masse, die wir sehen können, denn was nicht verdichtet wurde, wird schwer zu erkennen sein, oder mit physischen Augen oder aus dieser dreidimensionalen Perspektive unmöglich zu sehen.

Und wie in Abbildung 1 dargestellt, konnten Bucherer und Neumann 1914 beweisen, wie die Masse eines Elektrons mit zunehmender Geschwindigkeit gegenüber einem Beobachter zunimmt. Und das war zweifellos ein Ereignis, das die Physik revolutionierte, denn mit diesem Experiment konnte nachgewiesen werden, dass die Masse aus der Bewegung desselben

Teilchens entstand. So waren das Relativitätsgesetz und die Masse Albert Einsteins eindeutig und endgültig festgelegt. Die gekrümmte Linie ist ein Diagramm der Quadratwurzel von Einsteins Masse m: $m = m_0 \sqrt{1 - v^2/c^2}$. (Quadratwurzel √) Und die Kreise der Versuchswerte wurden aus den Daten von Bucherer und Neumann übernommen.

Aber vielleicht, was Einstein nicht sehen konnte, ist, dass die Kurve in Wirklichkeit zum unendlichen Wert tendiert, wenn die Geschwindigkeit U/C des Partikels zur Geschwindigkeit C tendiert, d.h. wenn U/C zum Wert 1 tendiert ($U/C \rightarrow 1$), wie in Abbildung 1 zu sehen ist. Und von da an sagen wir: Vergib mir Einstein, denn in Wirklichkeit und wirklich gibt es Partikel, die sich schneller als Licht bewegen können; oder $U/C > 1$. Was von Bedeutung ist, denn wenn die Partikelgeschwindigkeit größer ist, ist auch die aufgenommene Masse größer, oder $UE/C^3 = m_0$. Und da C^3 eine Konstante ist, können wir es $\psi = C^3$ nennen, was bedeutet, dass $m_0 = UE/\psi$, so dass die Masse m durch eine Proportionalität der Geschwindigkeit U des Teilchens mit seiner Energie E entstand. Und das können wir zu Ehren von Albert Einstein sagen, der die Masse m von Einstein ist. Aber dass dann Einsteins Masse m agglutiniert bleiben würde, wenn andere Energien mit ausreichender Integrationskraft auf sie einwirken.

Und allgemein wurde bewiesen, dass für alle Arten von Energie, im Gegensatz zu Potential- oder Ruheenergie, diese Energien nur durch die Wirkung einer Bewegung erscheinen. Zum Beispiel ist die Arbeit ω, das Ergebnis der Anwendung einer Kraft auf einen Körper, um eine Entfernung d. $\omega = F \cdot d$. In einer Weise, dass die Energie in Form von Arbeit ω, wird nur erscheinen, wenn die Kraft F wird auf den Körper angewendet.

Oder vielleicht ist das andere Beispiel, wenn wir eine Feder zusammendrücken und ihr eine potentielle elastische Energie U geben, dann steigt die Masse der Feder von m_0 auf m_0+U/C^2, oder wenn wir eine Wärmemenge Q zu einem Objekt oder System hinzufügen, steigt die Masse in einer Menge Δm; $\Delta m=Q/C^2$.

Und so kommen wir zu dem Prinzip der Äquivalenz zwischen Masse und Energie, das festlegt, dass: für jede Energieeinheit E jeglicher Art, die einem materiellen Objekt zur Verfügung gestellt wird, die Masse des Objekts um einen Betrag zunimmt, der durch $\Delta m=E/C^2$ gegeben ist. Und das ist Albert Einsteins berühmte Gleichung, d.h. die Gleichung $E=\Delta mC^2$, die einen großen Teil der großen Rätsel des Universums revolutioniert und weitgehend geklärt hat. Aber wir setzen diesen Prozess fort, wie sie entstanden sind, oder woher das Universum und die Geister wirklich entstanden sind.

Und auf diese Weise könnte die gesamte Ruhemasse oder m0 des Universums geschaffen werden. Denn wenn $\mho/C^3$ oder $\mho/\psi$ gleich 1 (eins) gemacht wurde, wurde die Energie E des Almatrinos gleich der Ruhemasse m_0, ($E=m_0$), so dass Energie auch die Ruheenergie E_0 genannt wird. $E_0=m_0$.

Und Albert Einstein schrieb:

"Die Physik vor der relativistischen Theorie enthält zwei Naturschutzgesetze, die von großer Bedeutung sind: das Gesetz zur Erhaltung der Energie und das Gesetz zur Erhaltung der Masse. Und diese beiden Gesetze erscheinen dort, als Ergänzung zueinander. Aber mit der Relativitätstheorie verschmelzen beide Gesetze zu einem Prinzip".

Natürlich verweist Einstein hier auf die Tatsache, dass in der klassischen Physik Masse eine Konstante ist, wenn ein Körper beschleunigt wird, also die Masse des Newtons; während in der Relativitätstheorie die Masse relativ zur Lichtgeschwindigkeit und zur realen Masse der Ruhe ist.

Und so sind wir an dem Punkt angelangt, an dem ein einziges Wort gebraucht würde, das aber in der Lage wäre, mit maximaler Emotion und Begeisterung alles, was gesagt und gefühlt werden kann, auszudrücken; aber das beschränkt sich auf uns durch die Art und Weise, in der jeder es schreiben kann, um es auszudrücken. Aber auf diese Weise wurden neben der Entstehung des Universums aus Almatrinos und Urdires und aus diesen die bewusste Energie selbst, d.h. die Geister, auch die großen Daten gebildet, um die gewaltigste Information der genetischen Nachfolge zu schützen, die im gesamten sichtbaren Universum existieren kann. Für diese sequentiellen Einheiten bilden die bestimmten, definierten, charakterisierten und unendlichen Konfigurationen, so dass aus diesen verschlüsselten Daten oder den Yotta-Tonalitäten, die von den Almatrinos mit ihren Urdires gebildet werden, die 1×10^{24} Bewusstseinseinheiten gebildet werden. Aber aus dieser Verdichtung der Energie entstand die DNA. Aber viele glauben, dass die erste RNA wie ein Ribozym war, d.h. eine RNA, die sich von selbst replizieren kann, und von dort aus entstanden die unendlichen Konfigurationen von Zellen, die wiederum so organisiert waren, dass sie jedes der Lebewesen bildeten: Sagen wir noch einmal, von einem einzelligen Wesen hier, und einem anderen dort, einem anderen mikroskopischen, einer Pflanze, und wo die Hälfte der Informationen von einem einzelnen Samen oder einem spektakulären Salamander graviert wird, denn in ihm gelingt es seinem Geist in Form von Energie, die von Almatrinos gebildet wird, sogar, sich selbst zu replizieren, als ob es ein Ribozym wäre, oder seine amputierten Gliedmaßen zu regenerieren. Oder der vorsichtige Fisch tief im Meer, der aus seiner Höhle, die als Zufluchtsort dient, sehr vorsichtig aussieht, weil es viele Raubtiere für die Pirsch gibt... Es ist eine wunderbare Welt. Und diese Schöpfungskraft erreichte einen Menschen, der erst dann auftaucht, wenn die Almatrinos und Urdires die Masse, die zu einem Körper wurde, als ihren Wohnsitz nehmen.

Und der Punkt für einen Neuanfang wird von der Reihenfolge abhängen, in der diese Informationen von den Almatrinos im Gedächtnis des Geistes gespeichert wurden. Aber jedes Mal, wenn es eine neue Gelegenheit gibt, wird es ein Update in diesen unendlichen Konfigurationen und Möglichkeiten geben, das nur die Daten bietet, die in Quantenform gesammelt wurden.

Aber die Tatsache, dass Energie und Materie auf diesen molekularen Ebenen konserviert wurden, wie Antoine Laurent Lavoisier als ein Werk der wissenschaftlichen Argumentation beobachtet hat, ist etwas, das nicht in Albert Einsteins analytische Argumentation eingetreten ist. Insofern wurden bei Einstein Materie und Energie nur auf der Ebene von Atomen und Molekülen konserviert. So hatte Einstein viele Zweifel, dass das Gleiche für diese subatomaren Partikel passieren würde. Auf eine solche Weise, dass Einstein sich vorstellen würde, dass, wenn er versuchte, die Bewegung der Partikel auf einer subatomaren Ebene auf den Bildschirm seines Geistes zu projizieren, in diesem Fall die Masse wirklich zu Energie wurde und die Energie wieder zu Masse wurde, was sich von Lavoisier's Fall unterscheidet, wenn die Masse in eine andere Art von Masse umgewandelt wird, und die Energie in eine andere Form von Energie. Denn im Fall von Lavoisier ist die Masse nicht in Bewegung. Und im Moment oder wegen seiner großen Geschwindigkeit muss die Masse der Teilchen zwangsläufig zu dem werden, was sie war, nämlich zu Energie.

Aber es stellt sich auch heraus, dass es Albert Einstein nur gelungen ist, diese Bewegungen relativ zur Lichtgeschwindigkeit in Beziehung zu setzen, denn dieser Lichteffekt ist die Spur dessen, was Einstein Energiepakete oder Photonen nannte, und es ist das Einzige, was als Bursts gesehen werden kann. Darüber hinaus ist es aber auch das Maximum, das in gleicher Weise relativ gemessen werden kann. Nun hoffen wir, dass ψ eine absolute Geschwindigkeitskonstante für ein Elementarteilchen ist.

Denn absolut, dass die Geschwindigkeit eines Partikels υ, ist gleichbedeutend mit der Geschwindigkeit des Lichts, das auf den Würfel erhöht wird. Das heißt, C^3, oder 300.000 km/sec, die in den Würfel gehoben werden. Oder die absolute Geschwindigkeit eines Partikels $\psi = 27.000.000.000.000.000$ km/sec Und das ist ein Wert einer Geschwindigkeitskonstanten, die für die Vorstellungskraft des menschlichen Geistes wirklich enorm ist.

Und es war sicherlich so, dass es mit dieser Definition der Masse von Albert Einstein tatsächlich möglich war, das kinetische Verhalten dieser Partikel auf nuklearer Ebene zu analysieren. Und in der Tat, das hat das Konzept, das im wissenschaftlichen Denken über die Bewegung von Teilchen verwurzelt war, für immer verändert, denn es konnte experimentell nachgewiesen werden, dass in Wirklichkeit Masse aus Energie erzeugt wird. Und dafür ist es notwendig, dass das Teilchen nur in Bewegung ist. Denn wenn das Partikel stillsteht, gibt es keine Veränderung.

Und auf die gleiche Weise bildete sich das Universum, als der kleine Raum zu stören begann. Und in diesem Moment schafften es die Almatrinos, sich zu beschleunigen, bis sie sich mit einer Geschwindigkeit von 27.000.000.000.000.000 Kilometern pro Sekunde bewegen konnten. Und sie schufen die gesamte vorhandene Energie im Universum, als einziges Ergebnis dieser immensen Bewegung einiger sehr kleiner Teilchen; ohne Last und ohne Masse, denn nur die Bewegung war erforderlich, um eine minimale Energie zu erzeugen, die später in eine minimale Menge Masse umgewandelt würde. Und es wird nur dann ein Wachstum des Raumes geben, wenn es eine Bewegung gibt.

6

GESCHWINDIGKEIT DER ALMATRINOS

Und eines der sensationellsten Ereignisse für die Wissenschaft geschah, weil Albert Einsteins Idee demonstriert wurde. Das heißt, wenn sich ein subatomares Teilchen mit einer Geschwindigkeit bewegt, die mit der des Lichts vergleichbar ist, erwirbt dieses Teilchen selbst Masse. Aber das muss wirklich so sein, denn wie gesagt, die bewegte Masse gewinnt Energie und diese Energie wird in Masse umgewandelt. Das experimentelle Problem wäre jedoch, dass die Teilchenbeschleuniger zu diesem Zeitpunkt sozusagen sehr rudimentär waren, und mit den gewonnenen Daten war es nur möglich, den progressiven Charakter des Phänomens mathematisch zu extrapolieren. Oder weil die erreichte Beschleunigungskraft nicht ausreicht, um zumindest die Lichtgeschwindigkeit zu erreichen. Aber auch, wenn wir sie vergleichen, die für das Experiment verwendeten Partikel, waren diese viel größer als die Almatrino. Obwohl die modernsten Detektoren, oder wie empfindlich sie auch sein mögen, werden sie auch diese Partikel nicht registrieren können, da die Almatrinos sie spurlos passieren.

So konnten wir nicht vorgeben, das Phänomen klarer und umfassender zu beobachten, um über $U/C>1$ hinauszugehen, d.h. wenn U größer als C ist oder C kleiner als U, weil es unmöglich war, ein Teilchen zu verwenden, das sich zumindest mit einer höheren Geschwindigkeit als das Licht bewegen konnte, d.h. C. Aber es war noch weniger denkbar, sich die Geschwindigkeit eines Almatrinos vorstellen zu können, noch nicht einmal vermutet wurde, dass es den Almatrino gab. So Albert Einstein, konnte oder wollte nicht über die Extrapolation hinaus sehen, und beschränkte sich nur auf die Analyse des Phänomens, wenn $U/C<1$, weil er zu dem Schluss kam, dass nichts mit einer Geschwindigkeit reisen konnte, die größer als Licht war. Wenn dies der Fall wäre, würde eine Masse m, die genauso bewegt werden könnte wie C, sofort in Energie umgewandelt. Oder vielleicht, weil Licht das Einzige ist, was wir mit dem physischen Auge beobachten können, wenn auch relativ. Und es scheint, dass niemand sehen wollte oder will, wann $U/C>1$, weil dies tatsächlich gegen Albert Einsteins Relativitätstheorie verstößt.

Aber es ist gut zu erwähnen, dass die Beschleunigungskapazität dieser Geräte vom Radius abhängt, d.h. vom Durchmesser ihrer physikalischen Konstruktion. Und die Geschwindigkeit der Teilchen hängt nicht von der Frequenz der Energie ab, sondern je schneller die Teilchen in größeren Kreisen und je langsamer die Teilchen in kleineren Kreisen. So hat beispielsweise der Beschleuniger unter den Genfer Bergen eine Umfangslänge von 27 Kilometern. Die Hoffnung, dass Sie Geschwindigkeiten erreichen können, die höher sind als die des Lichts, verblasst jedoch nicht in mir, denn chinesische Wissenschaftler werden 2030 mit dem Bau des CEPC (Circular Electron Positron Collider) beginnen, einem Teilchenbeschleuniger, der eine Umfangslänge von 100 Kilometern im Weg haben wird. Und hoffentlich kann dieses Konzept der Almatrinos in die Hände eines chinesischen Wissenschaftlers gelangen, so dass zumindest versucht wird, in diesem neuen Beschleuniger, Partikelkollisionen, bei höheren Geschwindigkeiten als bisher im Beschleuniger in Genf erreicht wurden, durchzuführen. Oder um nach diesen Teilchen zu suchen, die die kleinsten sind, die es gibt.

Und die Gleichung $U=m_0C^3/E$, ist die einfachste Sache, die man hätte ableiten können, um ein extrem komplexes Phänomen zu erklären. Aber diese scheinbar einfache Gleichung erklärt, wie das Universum geformt wurde; und dann die Geister. Aber es wurde aus einer anderen sehr einfachen Gleichung abgeleitet, die Albert Einstein abgeleitet hat, nämlich $E=mC^2$. Und die Entstehung des Universums und alles, was in ihm existiert, hat zweifellos eine Bedeutung und eine logische und einfache Trajektorie. Und vielleicht die Komplexität des Problems, setzen wir es auf die Zeit der Suche und Anordnung solcher Erklärungen, wie das Phänomen der Fähigkeit, relativ zu zukünftigen Ereignissen zu reisen. Wir sagen relativ, weil diese Reisen relativ zu einer Person sind, oder für diejenigen Partikel, die sich mit einer langsameren Geschwindigkeit als das Licht bewegen.

Und alles, was wir tun müssen, ist, nach Erklärungen zu suchen oder zu wissen, wie es ist, dass Energie zu Materie wird, und dann, wie Materie nach und nach zu anderen Arten von Materie wird, und Energie zu Energie. Aber es ist immer die gleiche Materie, die von derselben Energie kommt, die das Einzige ist, was durch diese unaufhaltsame Aktivität des Universums geschaffen wird. Weil die Gleichung, die das Universum gebildet hat, auf eine sehr einfache Weise ausgedrückt wird, wie:

$$\mho = m_0 \psi / E$$

Natürlich ist ψ, eine Konstante der Verhältnismäßigkeit, und Almatrinos haben keine Masse, aber wir können auch nicht sagen, dass sie Null ist, denn wenn wir bedenken, dass m_0 Null ist, würden wir das Phänomen mathematisch verschwinden lassen. In einer Weise, dass wir sagen müssen, dass die Masse zum Wert Null tendiert, aber es kann nicht genau Null sein, und wir können m_0 innerhalb einer anderen Konstante betrachten, dass wir $\Omega = m_0 \psi$ aufrufen werden. Oder dass der Wert dieser Masse der kleinste ist, der existieren kann. In der Weise, dass $E = \Omega / \mho$.

Also: $E = \Omega / \mho$. Und die Energie E existierte auch nicht, als das Universum noch nicht gebildet war. Denn die Energie E erschien nur, wenn eine Störung auftrat, d.h. wenn die Bewegung stattfand. Und als das Teilchen zu beschleunigen begann, bis es den Wert von C erreichte, war $\mho$ klein, und E wurde sehr groß oder neigte zu unendlichem Wert ($E \to \infty$). Und so entstand die große Energie, die es schaffte, das zukünftige Große Universum aus seiner Stille zu befreien. Und wann immer die Energie E in Form von Wärme Q auftritt, wird es wieder zu einer Störung kommen, und was so begann, kann nicht mehr gestoppt werden.

Und das Zentrum oder der Totpunkt, aus dem das Universum gebildet wurde, muss immer noch real existieren, aber nicht in einer imaginären Weise. Und es muss auf diese Weise effektiv sein, denn an dem Punkt, an dem das Universum entstanden ist, ist es unmöglich, dass es verschwindet.

Das heißt, die Geschwindigkeit "$\mho$" des Almatrinos wäre umgekehrt proportional zur Energiemenge E (die Energie des Almatrinos aus der Bewegung) und die Konstante der Proportionalität wäre die Masse des Almatrinos (m_a) in Bewegung. Denn wenn das Teilchen sehr klein ist wie bei einem Almatrino, und in diesem Fall kleiner als die Masse eines Neutrinos, ist die Geschwindigkeit, mit der es sich bewegt, größer, wenn die Energie des Almatrinos im Ruhezustand geringer ist, also $\mho = m_a \psi / E$.

Und auf diese Weise gelang es einem Almatrino, der das elementarste Teilchen war, als es ein "Quanten" an Energie ausstrahlte, sich in diesem kleinen Raum zu bewegen und die Erzeugung der enormen Energie zu beschleunigen. Enorm, relativ oder in Bezug auf diesen kleinen Raum. Denn wenn die Energie sehr niedrig war und die Almatrinos keine Masse hatten, können wir versichern, dass zu Beginn oder an diesem Ort nichts als Masse existierte; und aus dieser niedrigen Geschwindigkeit wurde eine große Energie gebildet, dass für diesen kleinen Raum sehr intensiv war, und so wurde eine Form von Wärme in diesem kleinen Raum erzeugt, was es gelang, das große Universum gewaltsam zu erwecken.

Und für einen Almatrino wird die gewonnene Masse, oder m, immer kleiner sein als die Masse eines Neutrinos. Das Neutrino zu sein, eines der kleinsten Teilchen, die die Wissenschaft bisher kennt. Da die Masse eines Neutrinos mit enormen Schwierigkeiten nachgewiesen wurde, ist es richtig zu denken, dass die Masse der Almatrinos nicht mit irgendwelchen physikalischen Mitteln, die im menschlichen Verstand vorstellbar sind, nachgewiesen werden kann.

Und die Almatrinos wurden durch die energetische Kraft der Urdires integriert. Wofür wir eher den Schluss ziehen können, dass, wenn es dem Satz von Almatrino mit ihren Urdires gelingt, ihre Geschwindigkeit zu verringern, sie langsam genug werden und sich als wahre energetische Wesen zeigen. Und wir werden sie aus unserer dreidimensionalen Perspektive sehen können. Aber statt Geistern katalogisieren wir sie als Geister. Aber dennoch wird die ruhende Masse oder m_0 der Geister in der Tat zu klein sein; oder Null zu sagen. Aus diesem Grund kann der Geist jedes Hindernis überwinden, ohne angehalten zu werden. Sie können sogar durch die Lücken zwischen den Kernen der Atome der gewöhnlichen Materie hindurchgehen, wie Ernest Rutherford in seinem Experiment beobachtete.

Und genau das macht die Geister, die sich zwischen den Almatrinos und der Energie in Form der Urdrähte gebildet haben, als die Kraft, die integrativ wirkt, sie können mit bloßem Auge nicht gesehen oder erkannt werden. Oder sie fotografieren. Es sei denn, sie werden nach Belieben eingeschränkt und verlangsamen damit ihre Bewegungsgeschwindigkeit, um vor dem Objektiv einer Kamera sichtbar zu werden. Aber diese elektronischen Geräte haben es noch nicht geschafft, die Auflösung zu erreichen, die das menschliche Auge hat, so dass die Geister als energetische Erscheinungen erkannt werden können, weil die Objektive der Kameras von den Almatrino durchbohrt werden. Oder die andere Art der Manifestation, obwohl sie unsichtbar bleiben, ist, dass die Geister inkarniert einen Körper besetzen und eine Unendlichkeit von Formen annehmen, wie jedes lebendige irdische Wesen.

Und dann, oder wenn dieser Prozess des Seins in einem Körper endet, können sich die Geister vor uns als Geister oder Erscheinungen zeigen, weil sie die Gestalt ihrer letzten physischen Form energisch kopiert haben. Oder als wären es energetische Hologramme von hoher Auflösung, denn die Integrationskraft der Urdires ist sehr intensiv.

Aber dieser Prozess ist auch relativ, denn wir wissen nicht, ob wir für sie, das heißt für diejenigen, die wir Geister nennen, die wahren Geister sind. Denn nachdem wir diesen Prozess verstanden haben, wird er wirklich zu einem normalen Ereignis für uns werden, und wir wissen nicht, ob der Tag kommen wird, an dem der Prozess des Übergangs von einem Zustand zum anderen auf normale oder tägliche Weise durchgeführt wird. Das Problem ist, dass die Zellen nicht lange ohne Atmung bleiben können.

7

GLEICHUNG, DIE DAS UNIVERSUM GEFORMT HAT

Aber jetzt werden wir mathematisch beweisen, dass sich Almatrinos tatsächlich mit einer Geschwindigkeit bewegen können, die dem Würfel der Lichtgeschwindigkeit entspricht, d.h. $2,7 \times 10^{16}$ Kilometer pro Sekunde (C^3). Und das werden die vielleicht am meisten konnotierten Physiker nicht verstehen können, aber diejenigen von uns, die wissen, dass wir es im astralen Zustand können, bewegen sich sofort von einem Ort zum anderen. Oder praktisch, ohne es zu merken. Oder dass wir durch jede Oberfläche gehen können, ohne dass ihr eine Kraft entgegengesetzt wird. Das Licht von Photonen zum Beispiel wird durch eine Eisentür oder sogar ein Blatt Papier abgefangen, und durch das Licht von Geistern, die von Almatrinos erzeugt werden, scheinen diese Oberflächen nicht zu existieren, denn nichts hält uns in unserer Flugbahn als Geister zurück.

Und wie gesagt, Albert Einstein schlussfolgerte, dass, wenn sich ein Teilchen mit Lichtgeschwindigkeit bewegt, seine Masse effektiv in Energie umgewandelt werden muss, oder dass, wenn dieses Teilchen langsamer wird, die gleiche Energie in Masse umgewandelt werden muss, und das ist wirklich so, wie wir es bereits gezeigt haben. So schreibt Einstein, dass die Masse, die durch das sich bewegende Teilchen erzeugt oder gewonnen wird, durch Gleichung (E-1) gegeben ist. Das heißt, es gibt keine

$$m = \frac{m_0}{\sqrt{1-V^2/C^2}}$$

Aber wenn wir dieses Konzept auf Almatrinos anwenden, denn am Ende analysieren wir sie als Partikel, oder genauer gesagt als Punkte, wenn wir $U=R^2$ und $K=C^2$ aufrufen und sie in der Einstein-Gleichung ersetzen, haben wir das, was bleibt:

$$m = \frac{m_0}{\sqrt{1-R/K}}$$

Aber wir haben als Tatsache gegeben, dass in Wirklichkeit Almatrinos mit einer höheren Geschwindigkeit reisen können als Licht, also:

Wenn K<R impliziert, dass R/K>1 So

$$m = \frac{m_0}{\sqrt{-R/K}}$$

Der Wert R/K der Wurzel ist ein negativer Begriff, daher müssen wir mit (-1) multiplizieren und auf die komplexe Zahl i zurückgreifen:

$$m = \frac{m_0}{\sqrt{-R/K(-1)}}$$

Aber K= C^2 und R= V^2, auch $\sqrt{(-1)}$ = i (die komplexe Zahl)

$$m = \frac{m_0}{\sqrt{R/K}\sqrt{(-1)}}$$

$$\frac{m_0}{\sqrt{R/C^2} \cdot i} = \frac{m_0 C}{\sqrt{V^2} \cdot i} = \frac{m_0 C}{V \cdot i}$$

Ersetzen dieses Wertes von m in die Einstein-Gleichung:

$$E = \frac{m_0 C C^2}{V \cdot i} = \frac{m_0 C^3}{V \cdot i} \implies V \cdot i = \frac{m_0 C^3}{E}$$

Um die imaginäre Zahl zu eliminieren, werden wir uns mit i multiplizieren, beiden Seiten der Gleichheit:

$$V \cdot i \cdot i = \frac{m_0 C^3}{E} \cdot i \implies V \cdot i^2 = \frac{m_0 C^3}{E} \cdot i$$

$$V(-1) = \frac{m_0 C^3}{E} \cdot i \implies -V = \frac{m_0 C^3}{E} \cdot i$$

Und um i zu eliminieren, erhöhen wir die Module auf beiden Seiten:

$$\left|-V\right|^2 = \left|\frac{m_0 C^3}{E} \cdot i\right|^2 \implies -V^2 = \frac{m_0^2 C^6}{E^2} \cdot i^2$$

Noch einmal $i^2 = -1$

$$-V^2 = \frac{m_0^2 C^6}{E^2}(-1) \implies V^2 = \frac{m_0^2 C^6}{E^2}$$

$$V = \sqrt{\frac{m_0^2 C^6}{E^2}} = \frac{m_0 C^3}{E}$$

Auf eine solche Weise, dass die Quadratwurzel von v, oder die Geschwindigkeit des Almatrinos ist:

$$V = \frac{m_0 C^3}{E}$$

(E-2)

Diese Gleichung würde per Definition und Schlussfolgerung die Geschwindigkeit eines Almatrinos oder eines so genannten Tachyons darstellen. Aber wie gesagt, die Geschwindigkeit ist variabel. Aber auch diese Geschwindigkeit ist nicht wirklich in sich selbst enthalten, wie zum Beispiel die Geschwindigkeit eines Photons. Das bedeutet, dass die Bewegung korrekt oder charakteristisch für den Almatrino ist. Deshalb nennen wir es lieber Ʊ, um zu versuchen, anstelle eines Geschwindigkeitsparameters die maximale Geschwindigkeit, mit der sich ein Almatrino bewegen kann, besser zu definieren.

So dass die Masse ma wirklich die Masse des Almatrinos ist, wenn er gestoppt wird, und Ea ist wie das Sagen der potentiellen Energie, die im Almatrino enthalten ist, wenn er unbeweglich ist; so:

$$\nu = \frac{m_0 C^3}{E}$$

(E-3)

Und die Gleichung (E-3) ist die wichtigste, die abgeleitet wurde, denn sie erklärt, wie das Universum gebildet wurde. Aber es wird uns auch helfen, eine Vielzahl anderer Fragen zu klären. Zum Beispiel die, die ich als Kind beobachten konnte. Denn mit dieser Gleichung kann ich jetzt erklären, warum ich Geister sehen konnte; oder warum ich aus dem Körper herauskommen konnte; oder warum ich durch Türen gehen konnte, und wenn ich aus dem Körper herauskam, konnte ich aus dem Raum aussteigen und die Außenwelt beobachten. Aber nicht als Traum, sondern auf eine echte Weise. Oder warum ich zukünftige Ereignisse sehen konnte. Zusätzlich zu anderen Bedenken. Aber diese können wir hier nicht berücksichtigen, da sie ein starkes Engagement im religiösen Bereich haben. Obwohl all diese und die anderen Schlussfolgerungen frei bleiben, so dass andere sie analysieren werden.

Und mit dem Abzug der Gleichung $\upsilon = m_a C^3 / E_a$ kommen wir zu dem Schluss, dass das Universum am Anfang in Wirklichkeit keine wirkliche Energie hatte, denn die Energie erschien erst, als die Geschwindigkeit υ der Almatrinos wirklich zu einem unendlichen Wert tendierte.

Und wir können feststellen, dass es am Anfang nichts gab. Keine Masse, keine Energie. Denn es gab nur den kleinsten Totpunkt, den wir uns vorstellen können, besetzt nur mit dem kleinsten Teilchen, das existieren kann und das wir Almatrino genannt haben. Und wir nennen es Totpunkt, nur um es zu definieren, denn in diesem Teilchen gab es zum Beispiel keine Vibrations- oder Rotationskräfte. Aber als sich dieses Teilchen bewegen konnte, entstand aus dieser Bewegung die Energie, die die kleine Energieblase explodierte, die die Entstehung des Universums erweckte. Und woher alles, was existiert, stammt, das ist nur Energie. Denn Materie ist nichts anderes als die gleiche Energie, die entstanden ist, aber von einer anderen Art von Kräften zusammengehalten wurde, ebenso energetisch, die sie integriert haben, und diese integrierenden Kräfte ist es, was wir Bosonen nennen. Aber die wirkliche Sache ist, dass es die gleiche Energie ist, die ausgestrahlt wird. Und wenn es uns gelingt, das Universum wieder zu sammeln, es in diesen toten Punkt zu bringen, müssten wir es gleichzeitig kühlen, weil wir nicht in der Lage wären, in diesem Punkt die gesamte bereits erzeugte Energie zu konzentrieren. Denn darüber hinaus existierte zu Beginn, in diesem Punkt, die Energie nicht, was im Gegensatz zu dem steht, was mit der Masse und der Energie von Max Planck erhoben wird.

ÜBER DEN AUTOR

Absolvent der Fakultät für Chemie der Zentraluniversität Venezuelas mit einem Abschluss in Chemietechnik. Aufbaustudium in Food-Science und-Technologie. Besondere Arbeit an der Chemie von Naturprodukten und der Chemie von Krankheiten. Studium der Kosmologie und der Entstehung der spirituellen Energie.

CARLOS PARTIDAS

WIE DAS UNIVERSUM ENTSTAND

www.ingramcontent.com/pod-product-compliance
Lightning Source LLC
Chambersburg PA
CBHW021911170526
45157CB00005B/2038